SUKEN NOTEBOOK

チャート式
基礎からの　数学Ⅱ

完成ノート

【図形と方程式】

本書は，数研出版発行の参考書「チャート式 基礎からの 数学 II」の

第 3 章「図形と方程式」

の例題と練習の全問を掲載した，書き込み式ノートです。

本書を仕上げていくことで，自然に実力を身につけることができます。

目　次

221001

１２．直線上の点，平面上の点

基本 例題 71

□ 解説動画

数直線上の 3 点 A(-2)，B(1)，C(5) について，線分 AB を $3:2$ に内分する点を P，$3:2$ に外分する点を Q，$2:3$ に外分する点を R，線分 AB の中点を M とする。

(1) 線分 AB，CA の長さを求めよ。

(2) 点 P，Q，R，M の座標を，それぞれ求めよ。

(3) 点 A は，線分 RB を ア□ : イ□ に内分し，線分 CQ を ウ□ : エ□ に外分する。

練習 (基本) **71**　数直線上に 3 点 A(-3)，B(5)，C(2) があり，線分 AB を $2:1$ に内分する点を P，$2:1$ に外分する点を Q とする。

(1)　距離 AB と 2 点 P，Q の座標をそれぞれ求めよ。

(2)　点 C は線分 BQ を □ : □ に外分する。

基本 例題 72

□ 解説動画

(1) 2点 A$(3,\ -5)$，B$(-1,\ 3)$ 間の距離を求めよ。

(2) 2点 A$(1,\ -2)$，B$(-3,\ 4)$ から等距離にある x 軸上の点Pの座標を求めよ。

(3) 3点 A$(8,\ 9)$，B$(-6,\ 7)$，C$(-8,\ 1)$ から等距離にある点Pの座標を求めよ。

練習 (基本) **72** (1) 2点 A$(-4,\ 2)$，B$(6,\ 7)$ 間の距離を求めよ。

(2) 2点 A$(3,\ -4)$，B$(8,\ 6)$ から等距離にある y 軸上の点 P の座標を求めよ。

(3) 3点 A$(3,\ 3)$，B$(-4,\ 4)$，C$(-1,\ 5)$ から等距離にある点 P の座標を求めよ。

基本 例題 73

□ 

(1) 3点 A(1, 3), B(5, 6), C(−2, 7) を頂点とする △ABC は直角二等辺三角形であることを示せ。

(2) 3点 A(4, 0), B(0, 2), C(a, b) について, △ABC が正三角形であるとき, a, b の値を求めよ。

練習 (基本) **73** (1) 3点 A(4, 5), B(1, 1), C(5, −2) を頂点とする △ABC は直角二等辺三角形であることを示せ。

(2) 3点 A(−1, −2), B(1, 2), C(a, b) について，△ABC が正三角形になるとき，a，b の値を求めよ。

基本 例題 74

□ 

(1)　△ABC の重心を G とする。このとき，等式 $AB^2+BC^2+CA^2=3(GA^2+GB^2+GC^2)$ が成り立つことを証明せよ。

(2)　△ABC において，辺 BC を 1 : 2 に内分する点を D とする。このとき，等式 $2AB^2+AC^2=3AD^2+6BD^2$ が成り立つことを証明せよ。

練習 (基本) **74**　(1)　長方形 ABCD と同じ平面上の任意の点を P とする。このとき，等式 $PA^2+PC^2=PB^2+PD^2$ が成り立つことを証明せよ。

(2)　$\triangle ABC$ において，辺 BC を 1 : 3 に内分する点を D とする。このとき，等式 $3AB^2+AC^2=4AD^2+12BD^2$ が成り立つことを証明せよ。

基本 例題 75

□ 

3 点 A(5, 4), B(0, −1), C(8, −2) について，線分 AB を 2 : 3 に外分する点を P, 3 : 2 に外分する点を Q とし，△ABC の重心を G とする。

(1) 線分 PQ の中点 M の座標を求めよ。

(2) 点 G の座標を求めよ。

(3) △PQS の重心が点 G と一致するように，点 S の座標を定めよ。

練習 (基本) **75** (1) 3点 A(1, 1), B(3, 4), C(−5, 7) について，線分 AB を 3 : 2 に内分する点を P, 3 : 2 に外分する点を Q とし，△ABC の重心を G とする。このとき，3点 P, Q, G の座標をそれぞれ求めよ。

(2) 2点 A(−1, −3), B を結ぶ線分 AB を 2 : 3 に内分する点 P の座標は (1, −1) であるという。このとき，点 B の座標を求めよ。

基本 例題 76

□ 

3 点 A(1, 2), B(5, 4), C(3, 6) を頂点とする平行四辺形の残りの頂点 D の座標を求めよ。

練習 (基本) **76**　3 点 A$(3,\ -2)$，B$(4,\ 1)$，C$(1,\ 5)$ を頂点とする平行四辺形の残りの頂点 D の座標を求めよ。

基本 例題 77

□ 

(1) 点 A$(2,\ -1)$ に関して，点 P$(-1,\ 1)$ と対称な点 Q の座標を求めよ。

(2) 3 点 A$(a,\ b)$，B$(0,\ 0)$，C$(c,\ 0)$ と点 P$(x,\ y)$ がある。A に関して P と対称な点を Q とし，B に関して Q と対称な点を R とする。C に関して R と対称な点が P と一致するとき，x，y を a，b，c を用いて表せ。

練習 (基本) **77** (1) 点 A$(4,\ 5)$ に関して，点 P$(10,\ 3)$ と対称な点 Q の座標を求めよ。

(2) A$(1,\ 4)$，B$(-2,\ -1)$，C$(4,\ 0)$ とする。A，B，C の点 P$(a,\ b)$ に関する対称点をそれぞれ A$'$，B$'$，C$'$ とする。このとき，△A$'$B$'$C$'$ の重心 G$'$ は △ABC の重心 G の点 P に関する対称点であることを示せ。

１３．直線の方程式，２直線の関係

基本 例題 78

□ 

(1) 次の直線の方程式を求めよ。

(ア) 点 $(-1,\ 3)$ を通り，傾きが -2

(イ) 点 $(4,\ 1)$ を通り，x 軸に垂直

(ウ) 点 $(5,\ 3)$ を通り，x 軸に平行

(2) 次の 2 点を通る直線の方程式を求めよ。

(ア) $(1,\ -2)$，$(-3,\ 4)$

(イ) $(-5,\ 7)$，$(6,\ 7)$

(ウ) $\left(\frac{3}{2},\ -\frac{1}{3}\right)$，$\left(\frac{3}{2},\ -1\right)$

(エ) $\left(\frac{5}{2},\ 0\right)$，$\left(0,\ -\frac{1}{3}\right)$

練習 (基本) **78**　次の直線の方程式を求めよ。

(1)　点 $(-2,\ 4)$ を通り，傾きが -3

(2)　点 $(5,\ 6)$ を通り，y 軸に平行

(3)　点 $(8,\ -7)$ を通り，y 軸に垂直

(4)　2 点 $(3,\ -5)$，$(-7,\ 2)$ を通る

(5)　2 点 $(2,\ 3)$，$(-1,\ 3)$ を通る

(6)　2 点 $(-2,\ 0)$，$\left(0,\ \dfrac{3}{4}\right)$ を通る

基本 例題 79 □ 解説動画

点 $(-3,\ 2)$ を通り，直線 $3x-4y-6=0$ に平行な直線 ℓ と垂直な直線 ℓ' の方程式をそれぞれ求めよ。

練習 (基本) 79 次の直線の方程式を求めよ。

(1) 点 $(-1,\ 3)$ を通り，直線 $5x-2y-1=0$ に平行な直線

(2) 点 $(-7,\ 1)$ を通り，直線 $4x+6y-5=0$ に垂直な直線

基本 例題 80

□ 解説動画

2 直線 $ax+2y-a=0$ ……①，$x+(a+1)y-a-3=0$ ……② は，$a=$ ア□ のとき垂直に交わる。また，$a=$ イ□ のとき，2 直線 ①，② は共有点をもたず，$a=$ ウ□ のとき，2 直線 ①，② は一致する。

練習 (基本) 80　直線 $(a-1)x-4y+2=0$ と直線 $x+(a-5)y+3=0$ は，$a=$ ア□ のとき垂直に交わり，$a=$ イ□ のとき平行となる。

基 本 例題 81

□ 

2 直線 $x+y-4=0$ ……①，$2x-y+1=0$ ……② の交点を通り，次の条件を満たす直線の方程式を，それぞれ求めよ。

(1) 点 $(-1,\ 2)$ を通る

(2) 直線 $x+2y+2=0$ に平行

練習（基本）**81**　2 直線 $x+5y-7=0$，$2x-y-4=0$ の交点を通り，次の条件を満たす直線の方程式を，それぞれ求めよ。

(1)　点 $(-3,\ 5)$ を通る

(2)　直線 $x+4y-6=0$ に

（ア）　平行

（イ）　垂直

基本 例題 82

□ 解説動画

k は定数とする。直線 $(k+3)x-(2k-1)y-8k-3=0$ は，k の値に関係なく定点 A を通る。その定点 A の座標を求めよ。

練習 (基本) **82**　定数 k がどんな値をとっても，次の直線が通る定点の座標を求めよ。

(1)　$kx-y+5k=0$

(2)　$(k+1)x+(k-1)y-2k=0$

重 要 例題 83

□ 

3 点 A (6, 13), B (1, 2), C (9, 10) を頂点とする △ABC について

(1) 点 A を通り，△ABC の面積を 2 等分する直線の方程式を求めよ。

(2) 辺 BC を 1 : 3 に内分する点 P を通り，△ABC の面積を 2 等分する直線の方程式を求めよ。

練習 (重要) **83**　3 点 A$(20,\ 24)$，B$(-4,\ -3)$，C$(10,\ 4)$ を頂点とする △ABC について，辺 BC を $2:5$ に内分する点 P を通り，△ABC の面積を 2 等分する直線の方程式を求めよ。

基本 例題 84

□ 解説動画

(1)　3 点 A$(-2,\ 3)$，B$(1,\ 2)$，C$(3a+4,\ -2a+2)$ が一直線上にあるとき，定数 a の値を求めよ。

(2)　3 直線 $4x+3y-24=0$ ……①，$x-2y+5=0$ ……②，$ax+y+2=0$ ……③ が 1 点で交わるとき，定数 a の値を求めよ。

練習 (基本) **84** (1) 異なる 3 点 $(1,\ 1)$, $(3,\ 4)$, $(a,\ a^2)$ が一直線上にあるとき，定数 a の値を求めよ。

(2) 3 直線 $5x-2y-3=0$, $3x+4y+19=0$, $a^2x-ay+12=0$ $(a \neq 0)$ が 1 点で交わるとき，定数 a の値を求めよ。

重 要 例題 85 □ 解説動画

異なる 3 直線

$x+y=1$ ……①，$3x+4y=1$ ……②，$ax+by=1$ ……③

が 1 点で交わるとき，3 点 $(1,\ 1)$，$(3,\ 4)$，$(a,\ b)$ は一直線上にあることを示せ。

練習 (重要) **85**　異なる 3 直線 $2x+y=5$ ……①，$4x+7y=5$ ……②，$ax+by=5$ ……③ が 1 点で交わるとき，3 点 $(2,\ 1)$，$(4,\ 7)$，$(a,\ b)$ は一直線上にあることを示せ。

基本 例題 86

□ 解説動画

3 直線 $x+y-7=0$，$2x-y+1=0$，$3x-ay+2a=0$ が三角形を作らないような定数 a の値を求めよ。

練習 (基本) **86**　3 直線 x 軸，$y=x$，$(2a+1)x+(a-1)y+2-5a=0$ が三角形を作らないような定数 a の値を求めよ。

基 本 例題 87

□ 

△ABC の各辺の垂直二等分線は 1 点で交わることを証明せよ。

練習 (基本) **87**　△ABC の 3 つの頂点から，それぞれの対辺またはその延長に下ろした垂線は 1 点で交わることを証明せよ (この 3 つの垂線が交わる点を，三角形の垂心という)。

１４．線対称，点と直線の距離

基本 例題 88

□ 解説動画

直線 $x+2y-3=0$ を ℓ とする。次のものを求めよ。

(1) 直線 ℓ に関して，点 $\mathrm{P}(0,\ -2)$ と対称な点 Q の座標

(2) 直線 ℓ に関して，直線 $m:3x-y-2=0$ と対称な直線 n の方程式

練習 (基本) **88**　点 $\mathrm{P}(1,\ 2)$ と，直線 $\ell: 3x+4y-15=0$，$m: x+2y-5=0$ がある。

(1)　直線 ℓ に関して，点 P と対称な点 Q の座標を求めよ。

(2)　直線 ℓ に関して，直線 m と対称な直線の方程式を求めよ。

重 要 例題 89

□ 

xy 平面上に 2 点 A (3, 2), B (8, 9) がある。点 P が直線 ℓ : $y=x-3$ 上を動くとき，AP+PB の最小値と，そのときの点 P の座標を求めよ。

練習 (重要) **89**　平面上に 2 点 A$(-1,\ 3)$，B$(5,\ 11)$ がある。

(1)　直線 $y=2x$ について，点 A と対称な点 P の座標を求めよ。

(2)　点 Q が直線 $y=2x$ 上にあるとき，QA＋QB を最小にする点 Q の座標を求めよ。

基本 例題 90

□ 解説動画

(1) 点 $(2,\ 8)$ と直線 $3x-2y+4=0$ の距離を求めよ。

(2) 平行な 2 直線 $5x+4y=20$，$5x+4y=60$ 間の距離を求めよ。

(3) 点 $(2,\ 1)$ から直線 $kx+y+1=0$ に下ろした垂線の長さが $\sqrt{3}$ であるとき，定数 k の値を求めよ。

練習 (基本) **90**　(1)　次の点と直線の距離を求めよ。

(ア)　原点，$4x+3y-12=0$

(イ)　点 $(2,\ -3)$，$2x-3y+5=0$

(ウ)　点 $(-1,\ 3)$，$x=2$

(エ)　点 $(5,\ 6)$，$y=3$

(2)　平行な 2 直線 $x-2y+3=0$，$x-2y-1=0$ 間の距離を求めよ。

(3)　点 $(1,\ 1)$ から直線 $ax-2y-1=0$ に下ろした垂線の長さが $\sqrt{2}$ であるとき，定数 a の値を求めよ。

基本 例題 91

□ 

3 点 A (3, 5), B (5, 2), C (1, 1) について，次のものを求めよ。

(1) 直線 BC の方程式

(2) 線分 BC の長さ

(3) 点 A と直線 BC の距離

(4) △ABC の面積

練習 (基本) **91**　3 点 A$(-4,\ 3)$，B$(-1,\ 2)$，C$(3,\ -1)$ について，点 A と直線 BC の距離を求めよ。
また，$\triangle$ABC の面積を求めよ。

重 要 例題 92

□ 解説動画

放物線 $y=x^2$ 上の点 P と，直線 $x-2y-4=0$ 上の点との距離の最小値を求めよ。また，そのときの点 P の座標を求めよ。

練習 (重要) **92**　放物線 $y=-x^2+x+2$ 上の点 P と，直線 $y=-2x+6$ 上の点との距離は，P の座標が ア□ のとき最小値 イ□ をとる。

１５．円の方程式

基本 例題93

□ 解説動画

次のような円の方程式を求めよ。

(1)　中心 $(4,\ -1)$，半径 6

(2)　点 $(-3,\ 4)$ を中心とし，原点を通る

(3)　2 点 $(-3,\ 6)$，$(3,\ -2)$ を直径の両端とする

練習 (基本) **93**　次のような円の方程式を求めよ。

(1)　中心が $(3,\ -2)$，半径が 4

(2)　点 $(0,\ 3)$ を中心とし，点 $(-1,\ 6)$ を通る

(3)　2 点 $(-3,\ -4)$，$(5,\ 8)$ を直径の両端とする

基本 例題 94

□ 

3 点 $\mathrm{A}(-2,\ 6)$，$\mathrm{B}(1,\ -3)$，$\mathrm{C}(5,\ -1)$ を頂点とする $\triangle\mathrm{ABC}$ の外接円の方程式を求めよ。

練習 (基本) **94**　3 点 $(-2,\ -1)$，$(4,\ -3)$，$(1,\ 2)$ を頂点とする三角形の外接円の方程式を求めよ。

基本 例題 95

□ 

(1)　方程式 $x^2+y^2+5x-3y+6=0$ はどんな図形を表すか。

(2) 方程式 $x^2+y^2+2px+3py+13=0$ が円を表すとき，定数 p の値の範囲を求めよ。

練習 (基本) **95** (1) 方程式 $x^2+y^2-2x+6y-6=0$ はどんな図形を表すか。

(2) 方程式 $x^2+y^2-4ax+6ay+14a^2-4a+3=0$ が円を表すとき，定数 a の値の範囲を求めよ。

基本 例題 96

□ 

次の円の方程式を求めよ。

(1)　x 軸と y 軸の両方に接し，点 A $(-4,\ 2)$ を通る。

(2)　点 A $(1,\ 1)$ を通り，y 軸に接し，中心が直線 $y=2x$ 上にある。

練習(基本) **96**　(1)　x 軸と y 軸の両方に接し，点 $(2,\ 1)$ を通る円の方程式を求めよ。

(2)　中心が直線 $2x-y-8=0$ 上にあり，2 点 $(0,\ 2)$，$(-1,\ 1)$ を通る円の方程式を求めよ。

１６．円と直線

基本 例題97

□ 

円 $x^2+y^2=50$ ……〔A〕と次の直線は共有点をもつか。もつときはその座標を求めよ。

(1)　$y=-3x+20$

(2)　$y=x+10$

(3)　$x-2y+20=0$

練習 (基本) **97**　円 $x^2+y^2=5$ ……[A] と次の直線は共有点をもつか。もつときはその座標を求めよ。

(1)　$y=2x-5$

(2)　$x+y-5=0$

(3)　$x+2y=3$

基本 例題 98

□ 

円 $(x+4)^2+(y-1)^2=4$ と直線 $y=ax+3$ が異なる 2 点で交わるとき，定数 a の値の範囲を求めよ。

練習 (基本) **98**　円 $(x+2)^2+(y-3)^2=2$ と直線 $y=ax+5$ が異なる 2 点で交わるとき，定数 a の値の範囲を求めよ。

基本 例題 99

□ 

直線 $y=x+2$ が円 $x^2+y^2=5$ によって切り取られる弦の長さを求めよ。

練習 (基本) **99**　直線 $y=-x+1$ が円 $x^2+y^2-8x-6y=0$ によって切り取られる弦の長さを求めよ。

基本 例題 100

□ 解説動画

円 $(x-1)^2+(y-2)^2=25$ 上の点 P$(4,\ 6)$ における接線の方程式を求めよ。

練習 (基本) **100**　次の円の，与えられた点における接線の方程式を求めよ。

(1)　$x^2+y^2=4$，点 $(\sqrt{3},\ -1)$

(2)　$(x+4)^2+(y-4)^2=13$，点 $(-2,\ 1)$

基本 例題 101

□ 

(1) 点 (2, 1) を中心とし，直線 $5x+12y+4=0$ に接する円の方程式を求めよ。

(2) 円 $x^2+y^2-2x-4y-4=0$ に接し，傾きが 2 の直線の方程式を求めよ。

練習 (基本) **101**　(1)　中心が直線 $y=x$ 上にあり，直線 $3x+4y=24$ と両座標軸に接する円の方程式を求めよ。

(2)　円 $x^2+2x+y^2-2y+1=0$ に接し，傾きが -1 の直線の方程式を求めよ。

基本 例題 102

□ 解説動画

点 P$(-5,\ 10)$ を通り，円 $x^2+y^2=25$ に接する直線の方程式を求めよ。

練習 (基本) **102**　点 P$(2,\ 1)$ を通り，円 $x^2+y^2=1$ に接する直線の方程式を求めよ。

重 要 例題 103 □ 解説動画

点 (5, 6) から円 $x^2+y^2=9$ に引いた 2 つの接線の接点を P, Q とするとき，直線 PQ の方程式を求めよ。

練習 (重要) 103 (1) 点 (2, -3) から円 $x^2+y^2=10$ に引いた 2 本の接線の 2 つの接点を結ぶ直線の方程式を求めよ。

(2)　a は定数で，$a>1$ とする。直線 ℓ : $x=a$ 上の点 $\mathrm{P}(a,\ t)$ (t は実数) を通り，円 C : $x^2+y^2=1$ に接する 2 本の接線の接点をそれぞれ A，B とするとき，直線 AB は，点 P によらず，ある定点を通ることを示し，その定点の座標を求めよ。

重 要 例題 104

□ 

放物線 $y=x^2+a$ と円 $x^2+y^2=9$ について，次のものを求めよ。

(1)　この放物線と円が接するとき，定数 a の値

(2)　異なる 4 個の交点をもつような定数 a の値の範囲

練習 (重要) **104**　放物線 $y=2x^2+a$ と円 $x^2+(y-2)^2=1$ について，次のものを求めよ。

(1)　この放物線と円が接するとき，定数 a の値

(2)　異なる 4 個の交点をもつような定数 a の値の範囲

１７． ２つの円

基本 例題105

□ 

2円 $x^2+y^2=r^2$ $(r>0)$ ……①, $x^2+y^2-8x-4y+4=0$ ……② について

(1) 円①と円②が内接するとき，定数 r の値を求めよ。

(2) 円①と円②が異なる2点で交わるとき，定数 r の値の範囲を求めよ。

練習 (基本) **105** (1) 中心が点 $(7,\ -1)$ で，円 $x^2+y^2+10x-8y+16=0$ と接する円の方程式を求めよ。

(2) 2 円 C_1 : $x^2+y^2=r^2$ $(r>0)$，C_2 : $x^2+y^2-6x+8y+16=0$ が共有点をもつとき，定数 r の値の範囲を求めよ。

基本 例題 106

□ 

2つの円 $x^2+y^2=5$ ……①, $x^2+y^2+4x-4y-1=0$ ……② について

(1) 2円の共有点の座標を求めよ。

(2) 2円の共有点と点 (1, 0) を通る円の中心と半径を求めよ。

練習 (基本) **106**　2 つの円 $x^2+y^2-10=0$, $x^2+y^2-2x-4y=0$ について

(1)　2 つの円は異なる 2 点で交わることを示せ。

(2)　2 円の 2 つの交点を通る直線の方程式を求めよ。

(3)　2 円の 2 つの交点と点 (2, 3) を通る円の中心と半径を求めよ。

基本 例題 107

□ 解説動画

(1) 円 $x^2+y^2=25$ と直線 $y=x+1$ の 2 つの交点と原点 O を通る円の方程式を求めよ。

(2) 円 $x^2+y^2-2kx-4ky+16k-16=0$ は定数 k の値にかかわらず 2 点を通る。この 2 点の座標を求めよ。

練習 (基本) **107**　(1)　円 $x^2+y^2=50$ と直線 $3x+y=20$ の 2 つの交点と点 $(10,\ 0)$ を通る円の方程式を求めよ。

(2)　円 $C: x^2+y^2+(k-2)x-ky+2k-16=0$ は定数 k の値にかかわらず 2 点を通る。この 2 点の座標を求めよ。

重 要 例題 108

□ 解説動画

円 C_1： $x^2+y^2=4$ と円 C_2：$(x-5)^2+y^2=1$ の共通接線の方程式を求めよ。

練習（重要）**108**　円 $C_1：x^2+y^2=9$ と円 $C_2：x^2+(y-2)^2=4$ の共通接線の方程式を求めよ。

１８．軌跡と方程式

基本 例題 109

□ 

2 点 A$(-4,\ 0)$，B$(2,\ 0)$ からの距離の比が $2:1$ である点の軌跡を求めよ。

練習 (基本) **109**　2点 A(2, 3), B(6, 1) から等距離にある点 P の軌跡を求めよ。また，距離の比が 1 : 3 である点 Q の軌跡を求めよ。

基本 例題 110

□ 

2 点 A (6, 0), B (3, 3) と円 $x^2+y^2=9$ 上を動く点 Q を 3 つの頂点とする三角形の重心 P の軌跡を求めよ。

練習 (基本) **110**　放物線 $y=x^2$ ……① と A$(1,\ 2)$, B$(-1,\ -2)$, C$(4,\ -1)$ がある。点 P が放物線 ① 上を動くとき，次の点 Q, R の軌跡を求めよ。

(1)　線分 AP を 2 : 1 に内分する点 Q

(2)　△PBC の重心 R

基本 例題 111

次の直線の方程式を求めよ。

(1) 2 直線 $4x+3y-8=0$，$5y+3=0$ のなす角の二等分線

(2) 直線 ℓ : $x-y+1=0$ に関して直線 $2x+y-2=0$ と対称な直線

練習 (基本) **111**　次の直線の方程式を求めよ。

(1)　2 直線 $x-\sqrt{3}y-\sqrt{3}=0$，$\sqrt{3}x-y+1=0$ のなす角の二等分線

(2)　直線 $\ell: 2x+y+1=0$ に関して直線 $3x-y-2=0$ と対称な直線

基本 例題 112

□ 

放物線 $y=x^2+(2t-10)x-4t+16$ の頂点をPとする。t が0以上の値をとって変化するとき，頂点Pの軌跡を求めよ。

練習 (基本) **112** 円 $x^2+y^2+3ax-2a^2y+a^4+2a^2-1=0$ がある。a の値が変化するとき，円の中心の軌跡を求めよ。

重 要 例題 113

□ 解説動画

放物線 $C: y=x^2$ と直線 $\ell: y=m(x-1)$ は異なる 2 点 A，B で交わっている。

(1) 定数 m の値の範囲を求めよ。

(2) m の値が変化するとき，線分 AB の中点の軌跡を求めよ。

練習 (重要) **113**　放物線 C : $y=x^2-x$ と直線 ℓ : $y=m(x-1)-1$ は異なる 2 点 A，B で交わっている。

(1)　定数 m の値の範囲を求めよ。

(2)　m の値が変化するとき，線分 AB の中点の軌跡を求めよ。

重 要 例題 114

□ 

放物線 $y=x^2$ 上の異なる 2 点 $\mathrm{P}(p,\ p^2)$, $\mathrm{Q}(q,\ q^2)$ における接線をそれぞれ ℓ_1, ℓ_2 とし，その交点を R とする。ℓ_1 と ℓ_2 が直交するように 2 点 P, Q が動くとき，点 R の軌跡を求めよ。

練習 (重要) **114**　放物線 $y=\dfrac{x^2}{4}$ 上の点 Q，R は，それぞれの点における接線が直交するように動く。この 2 本の接線の交点を P，線分 QR の中点を M とする。

(1)　点 P の軌跡を求めよ。

(2)　点 M の軌跡を求めよ。

重 要 例題 115

□ 

m が実数全体を動くとき，次の 2 直線の交点 P はどんな図形を描くか。

$$mx-y=0 \quad \cdots\cdots ①, \qquad x+my-m-2=0 \quad \cdots\cdots ②$$

練習 (重要) **115**　k が実数全体を動くとき，2 つの直線 $\ell_1 : ky+x-1=0$，$\ell_2 : y-kx-k=0$ の交点はどんな図形を描くか。

重 要 例題 116

□ 

xy 平面の原点を O とする。xy 平面上の O と異なる点 P に対し，直線 OP 上の点 Q を，次の条件 (A), (B) を満たすようにとる。

(A)　$\mathrm{OP}\cdot\mathrm{OQ}=4$

(B)　Q は，O に関して P と同じ側にある。

点 P が直線 $x=1$ 上を動くとき，点 Q の軌跡を求めて，図示せよ。

練習 (重要) **116**　xy 平面の原点を O とする。O を始点とする半直線上の 2 点 P, Q について，$\mathrm{OP}\cdot\mathrm{OQ}=4$ が成立している。点 P が原点を除いた曲線 $(x-2)^2+(y-3)^2=13$, $(x,\ y)\neq(0,\ 0)$ 上を動くとき，点 Q の軌跡を求めよ。

１９．不等式の表す領域

基本 例題 117

□ 

次の不等式の表す領域を図示せよ。

(1) $y-2x<4$

(2) $y \geqq x^2-3x+2$

(3) $|x|>4$

(4) $(x-2)^2+y^2 \geqq 4$

練習（基本）**117**　次の不等式の表す領域を図示せよ。

(1)　$2x-3y-6<0$

(2)　$3x+2>0$

(3)　$|y| \leqq 3$

(4)　$y>x^2-2x$

(5)　$y \leqq 4x-x^2$

(6)　$(x-1)^2+(y-2)^2<9$

基本 例題 118

□ 

次の連立不等式の表す領域を図示せよ。

(1) $\begin{cases} x+y>0 \\ 2x-y+2>0 \end{cases}$

(2) $\begin{cases} x+2y+2<0 \\ x^2+y^2 \geqq 4 \end{cases}$

練習 (基本) **118**　次の不等式の表す領域を図示せよ。

(1) $\begin{cases} x-2y-2<0 \\ 3x+y-5<0 \end{cases}$

(2) $\begin{cases} x^2+y^2-4x-2y+3\leqq 0 \\ x+3y-3\geqq 0 \end{cases}$

(3) $-2x^2+1\leqq y<x+4$

基本 例題 119

□ 

次の不等式の表す領域を図示せよ。

(1) $|x+2y| \leqq 6$

(2) $|x|+|y+1| \leqq 2$

練習 (基本) **119** 次の不等式の表す領域を図示せよ。

(1) $|2x+5y| \leqq 4$

(2) $|2x|+|y-1|\leqq 5$

(3) $|x-2|\leqq y\leqq -|x-2|+4$

基本 例題 120

□ 

次の不等式の表す領域を図示せよ。

(1) $(x+y-2)(y-x^2)>0$

(2) $(x^2+y^2-4)(x^2+y^2+4x-5)\leqq 0$

練習 (基本) **120**　次の不等式の表す領域を図示せよ。

(1)　$(y-x)(x+y-2)>0$

(2)　$(y-x^2)(x-y+2)\geqq 0$

(3)　$(x+2y-4)(x^2+y^2-2x-8)<0$

重 要 例題 121

□ 

直線 $y=ax+b$ が，2 点 A $(-3,\ 2)$，B$(2,\ -3)$ を結ぶ線分と共有点をもつような実数 a，b の条件を求め，それを ab 平面上の領域として表せ。

練習 (重要) **121**　点 A，B を A$(-1,\ 5)$，B$(2,\ -1)$ とする。実数 a，b について，直線 $y=(b-a)x-(3b+a)$ が線分 AB と共有点をもつとする。点 P$(a,\ b)$ の存在する領域を図示せよ。

基本 例題 122

□ 

x，y が 3 つの不等式 $3x-5y \geqq -16$，$3x-y \leqq 4$，$x+y \geqq 0$ を満たすとき，$2x+5y$ の最大値および最小値を求めよ。

練習 (基本) **122** (1) x，y が 4 つの不等式 $x \geqq 0$，$y \geqq 0$，$x+2y \leqq 6$，$2x+y \leqq 6$ を満たすとき，$x-y$ の最大値および最小値を求めよ。

(2) x，y が連立不等式 $x+y \geqq 1$，$2x+y \leqq 6$，$x+2y \leqq 4$ を満たすとき，$2x+3y$ の最大値および最小値を求めよ。

基本 例題 123 □ 

ある会社が 2 種類の製品 A，B を 1 単位作るのに必要な電力量，ガスの量はそれぞれ A が 2 kWh，$2\ \mathrm{m}^3$；B が 3 kWh，$1\ \mathrm{m}^3$ である。また，使うことのできる総電力量は 19 kWh，ガスの総量は $13\ \mathrm{m}^3$ であるとする。1 単位当たりの利益を A が 7 万円，B が 5 万円とするとき，A と B をそれぞれ何単位作ると，利益は最大となるか。

練習 (基本) **123**　ある工場で 2 種類の製品 A，B が，2 人の職人 M，W によって生産されている。製品 A については，1 台当たり組立作業に 6 時間，調整作業に 2 時間が必要である。また，製品 B については，組立作業に 3 時間，調整作業に 5 時間が必要である。いずれの作業も日をまたいで継続することができる。職人 M は組立作業のみに，職人 W は調整作業のみに従事し，かつ，これらの作業にかける時間は職人 M が 1 週間に 18 時間以内，職人 W が 1 週間に 10 時間以内と制限されている。4 週間での製品 A，B の合計生産台数を最大にしたい。その合計生産台数を求めよ。

基 本 例題 124

□ 

x, y が 2 つの不等式 $x^2+y^2\leqq 10$, $y\geqq -2x+5$ を満たすとき，$x+y$ の最大値および最小値を求めよ。

練習 (基本) **124**　座標平面上で不等式 $x^2+y^2 \leqq 2$, $x+y \geqq 0$ で表される領域を A とする。点 $(x,\ y)$ が A 上を動くとき，$4x+3y$ の最大値と最小値を求めよ。

重 要 例題 125

□ 

連立不等式 $2x-3y \geqq -12$，$5x-y \leqq 9$，$x+5y \geqq 7$ の表す領域を A とする。点 $(x,\ y)$ が領域 A 上を動くとき，x^2+y^2 の最大値と最小値，およびそのときの x，y の値を求めよ。

練習 (重要) **125**　連立不等式 $y \leqq \frac{1}{2}x+3$，$y \leqq -5x+25$，$x \geqq 0$，$y \geqq 0$ の表す領域上を点 $(x,\ y)$ が動くとき，次の最大値と最小値を求めよ。

(1)　x^2+y^2

(2)　$x^2+(y-8)^2$

重要例題 126

□ 

x，y が 2 つの不等式 $x-2y+1 \leqq 0$，$x^2-6x+2y+3 \leqq 0$ を満たすとき，$\dfrac{y-2}{x+1}$ の最大値と最小値，およびそのときの x，y の値を求めよ。

練習 (重要) **126**　x，y が 2 つの不等式 $x+y-2 \leqq 0$，$x^2+4x-y+2 \leqq 0$ を満たすとき，$\dfrac{y-5}{x-2}$ の最大値と最小値，およびそのときの x，y の値を求めよ。

重 要 例題 127

□ 

直線 $y=2ax+a^2$ ……① について，a がすべての実数値をとって変化するとき，直線 ① が通りうる領域を図示せよ。

練習 (重要) **127**　直線 $y=ax+\dfrac{1-a^2}{4}$ …… ① について，a がすべての実数値をとって変化するとき，直線 ① が通りうる領域を図示せよ。

重 要 例題 128

□ 解説動画

直線 $y=2tx-t^2+1$ …… ① について，t が $0 \leqq t \leqq 1$ の範囲の値をとって変化するとき，直線 ① が通過する領域を図示せよ。

練習 (重要) **128**　直線 $y=-4tx+t^2-1$ …… ① について，t が $-1 \leqq t \leqq 1$ の範囲の値をとって変化するとき，直線 ① が通過する領域を図示せよ。

重 要 例題 129

□ 解説動画

実数 x，y が $0\leqq x\leqq 1$，$0\leqq y\leqq 1$ を満たしながら変わるとき，点 $(x+y,\ x-y)$ の動く領域を図示せよ。

練習 (重要) **129**　実数 x, y が次の条件を満たしながら変わるとき，点 $(x+y,\ x-y)$ の動く領域を図示せよ。

(1)　$-1 \leqq x \leqq 0$, $-1 \leqq y \leqq 1$

(2)　$x^2+y^2 \leqq 4$, $x \geqq 0$, $y \geqq 0$

重 要 例題 130

実数 x，y が $x^2+y^2 \leqq 1$ を満たしながら変わるとき，点 $(x+y,\ xy)$ の動く領域を図示せよ。

練習 (重要) **130**　座標平面上の点 $(p,\ q)$ は $x^2+y^2 \leqq 8$, $x \geqq 0$, $y \geqq 0$ で表される領域を動く。このとき，点 $(p+q,\ pq)$ の動く領域を図示せよ。

基本 例題 131

x, y は実数とする。

(1) $x^2+y^2+2x<3$ ならば $x^2+y^2-2x<15$ であることを証明せよ。

(2) $x^2+y^2\leqq 5$ が $2x+y\geqq k$ の十分条件となる定数 k の値の範囲を求めよ。

練習 (基本) **131**　x, y は実数とする。

(1)　$x^2+y^2<4x-3$ ならば $x^2+y^2>1$ であることを証明せよ。

(2)　$x^2+y^2 \leqq 4$ が $x+3y \leqq k$ の十分条件となる定数 k の値の範囲を求めよ。